国家级高技能人才培训基地系列教材

楼宇自动控制设备安装与维护专业

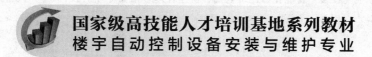

仪表柜

设计与装配

赵会霞 ◎主编

张 洪　韩嘉鑫 ◎副主编

YIBIAOGUI
SHEJI YU ZHUANGPEI

化学工业出版社

·北京·

本书主要讲述空调监控系统仪表柜设计与装配、冷热源监控系统仪表柜设计与装配内容。

本书可作为职业院校楼宇智能化、建筑电气、物业管理等相关专业的教材，同时也可作为仪表柜工程技术人员的参考书。

图书在版编目（CIP）数据

仪表柜设计与装配/赵会霞主编. —北京：化学工业出版社，2015.3

国家级高技能人才培训基地系列教材. 楼宇自动控制设备安装与维护专业

ISBN 978-7-122-23190-1

Ⅰ.①仪… Ⅱ.①赵… Ⅲ.①房屋建筑设备-空气调节设备-监控系统-仪表装置-技术培训-教材②房屋建筑设备-制冷系统-监控系统-仪表装置-技术培训-教材③房屋建筑设备-热源-供热系统-监控系统-仪表装置-技术培训-教材 Ⅳ.①TU83②TH8

中国版本图书馆 CIP 数据核字（2015）第 043741 号

责任编辑：李仙华　　　　　　　　　　　　文字编辑：吴开亮
责任校对：蒋　宇　　　　　　　　　　　　装帧设计：韩　飞

出版发行：化学工业出版社（北京市东城区青年湖南街 13 号　邮政编码 100011）
印　　装：北京云浩印刷有限责任公司
787mm×1092mm　1/16　印张 4½　字数 104 千字　2015 年 5 月北京第 1 版第 1 次印刷

购书咨询：010-64518888（传真：010-64519686）　　售后服务：010-64518899
网　　址：http://www.cip.com.cn
凡购买本书，如有缺损质量问题，本社销售中心负责调换。

定　　价：18.00 元

国家级高技能人才培训基地系列教材

编审委员会

主　任　　方卫国　　李雪辉

副主任　　孙玉荣　　杨文艳　　王剑白

委　员　　杨春霞　　韩嘉鑫　　杨　晔　　张　洪　　温俊洁

本书编写人员名单

主　编　　赵会霞

副主编　　张　洪　　韩嘉鑫

参　编　　赵盈磊　　牛山领

主　审　　夏东培　　饶龙涛

编　务　　温俊洁

前　言

　　根据教育部和财政部实施的国家示范性院校建设政策要求，职业院校以服务为宗旨、以就业为导向，开展工学结合与校企合作，进行了专业建设和课程改革，逐步改变过去的教学模式，由以教师为中心向学生为中心转变，以传统的理论传授为中心转变为学生在"做中学、学中做"的自主学习模式。本教材的编写以多所示范校的课程改革成果为基础，以培养学生综合职业能力为主线，体现以下几个突出特色。

　　本书以实际中不同建筑物所涉及的空调监控系统和冷热源监控系统的 DDC 仪表柜为原型，真实地反映到教材中。

　　本书打破了传统的以知识传授为主线的知识架构，将仪表柜设计与装配分解为典型的空调监控系统和冷热源监控系统两个项目进行剖析，将企业的仪表柜设计与装配的理念、技术技巧和生产规范逐次展开，让读者在具体案例的操练中，逐步构建和提升相关理论知识。本书多采用图表结合的版面形式，力求学习直观明了，让读者觉得在学习和参考时既能有效参考，又能在轻松的氛围中提升能力。

　　本书在编写过程中，参考了相关的专业书籍和资料，结合了楼宇自控系统相关企业工程人员的大量工程实际操作问题，吸收了众多仪表柜方面的新技术、新成果，并且运用了一些随着仪表柜不断完善和发展制定的新国家规范或标准，在此表示感谢。

　　由于笔者水平有限，加之时间仓促，书中有不妥之处在所难免，敬请读者批评、指正。

编者

2014 年 10 月

目 录

培训任务 一

空调监控系统仪表柜设计与装配

培训目标

1. 能正确识读空调机组功能段图，叙述空调机组工作原理。
2. 能正确识读空调监控系统控制原理图、监控点表、控制柜电气原理图、接线图。
3. 能正确识读"建筑设备监控系统"系统网络图，叙述空调机组的控制在系统中的作用。
4. 能查阅空调监控系统仪表柜设计规范或搜索相关信息，获取仪表柜设计与装配方法。
5. 能看懂工作任务单，明确自己的工作任务。
6. 能选用安装工具、设备与材料。
7. 能按照施工图及施工要求完成仪表柜的设计与装配。
8. 能完工检验并交付。
9. 能执行现场 5S 的工作管理。
10. 能按照工作要求，执行本岗位工作流程，并能规范填写工作记录。

建议学时

60 学时

培训地点

智能楼宇实训中心

培训资源

1. 用户手册、互联网资源。
2. 工具设备材料。
3. 多媒体设备、产品说明书。
4. 工具。
(1) 电动工具：冲击钻、手电钻、电锯、电动改锥等。
(2) 通用工具：测电笔、螺丝刀（旋具）、斜口钳、剥线钳、压线钳、卷尺、铆钉枪、钢锯、管子钳、管线割刀、导轨切割器、电烙铁、电吹风机等。

（3）测试工具：示波器、万用表、水平仪等。

（4）辅助材料：导轨、端子排、M4 平头螺钉、自攻螺钉、冲击钻头、各种线材等。

（5）资料：派工单、施工图纸（清单、点表、控制方案、系统图、原理接线图）、相关国家标准、行业规范、安全操作规程等。

 培训任务描述

××会议中心占地范围大，配套设施比较齐全，建设景观美化较好，但是机电设备多且分布较广，空调系统、地下车库照明及排污系统分布在地下室的各个地方。管理人员无法每天随时查看各个机电设备的运行情况，准确定时启停机电设备，浪费电能，并因为无法及时检查维护，降低设备使用寿命。

某公司接到了该会议中心需要对空调系统进行自动化改造的任务，保证空调系统安全、可靠、优化、经济地运行。公司将这一工程委托某高校智能楼宇系负责。智能楼宇系领导安排楼控教研组的老师首先对该会议中心的空调监控系统仪表柜设计与装配施工工程进行方案设计，并绘制出 CAD 施工图纸。指定某班级承担具体的设计与装配任务，并验收通过。

学员得到该任务后，组成 8 个项目施工小组，每组的组长，从项目经理（教师扮演）处得到施工任务单，明确施工任务及注意事项，阅读学习资料（教材、施工图纸、设备说明书、安装手册等）后，组织系统所需设备及各种配套材料，列出系统配套清单，做好安全防护准备。在项目组组长带领下，勘察施工现场，小组分析讨论后，制订工作计划，项目经理（教师）审核通过后，在工作区自主选择设备，独立或协同其他人员在规定时间内完成某会议中心空调监控系统仪表柜设计与装配施工的任务，记录结果并签字，得到项目经理的认可后，项目组依据施工任务单，完成仪表柜的设计与装配工作。工作过程中应遵守 5S 规范。将填写并签字确认的表格反馈给验收部门（由教师扮演）。验收部门（由教师扮演）依据 CP、MP 系列节能控制箱/柜符合《低压成套开关设备和控制设备》（GB 7251.1～5）、《JK 型交流低压电控设备》（JB/T 9666—1999）要求进行验收。

培训活动 1　获取资讯

 培训目标

1. 能够收集空调监控系统等的资料。
2. 能看懂工作任务单，明确自己的工作任务，填写施工任务单。
3. 能正确识读空调机组功能段图，叙述空调机组工作原理。
4. 能够辨识空调监控系统设备。
5. 能够描述空调监控系统的组成、分类、功能。
6. 能准确描述 5S 工作管理的内容。

建议学时

12 学时

培训资源

互联网资源、施工规范、工程安装派工单、施工图纸、图例资料、产品说明书。

一、识读施工任务单

认真阅读表 1-1 所示的施工任务单，回答下列问题。

表 1-1　施工任务单（工程部）

工程名称：××会议中心空调监控系统仪表柜设计与装配工程　　　　任务单编号：001

作业班组：工程技术部	项目负责人：
施工任务及范围安排 施工任务：按照施工图纸，完成××会议中心空调监控系统仪表柜设计与装配任务 施工范围：××小区	
施工时间： 2014 年 4 月 1 日，10 个工作日	
质量交底要求及注意事项： 按装置的电气原理图要求，进行通电模拟动作试验，动作应正确，符合设计要求。 检测电源分配，包括 220V AC 和 24V DC，所有设备均可正常上电。 检测每台 BS-4000 系列控制器，设置 IP 地址，更新 Firmware，并下装测试程序，均正常。 检测通信设备，通信正常。 检测人机界面，显示正常，通信正常。 检测 I/O 模块功能以及每个 I/O 通道，正常	
施工员签字： 年　　月　　日	班组长签字： 年　　月　　日

根据小组讨论和对任务的分析，回答下面问题。

（1）该安装施工的项目是什么？

_____

_____

（2）该项目施工地点及内容是什么？

_____

_____

（3）5S 工作管理的内容是什么？请查阅资料写在下面。

_____

_____

_____

二、建筑设备监控系统的概念

（1）建筑设备监控系统又称为_____，英文名称_____
_____，简称为_____，是对建筑物或建筑群内的建筑设备进
行_____和_____的_____。

（2）按《民用建筑电气设计规范》（JGJ 16—2008）的划分，建筑设备共有 7 个子系统，
分别是空调监控系统、_____、_____、_____、_____、_____和
_____。

（3）了解了什么是建筑设备监控系统，接下来逐个认识其子系统。首先来认识空调监控
系统，如图 1-1 和图 1-2 所示这些环境舒适的公共场合，舒适的环境是由中央空调系统提供
的。请先查询中央空调的概念、组成。

图 1-1　公共场合（一）　　　　　　　　　图 1-2　公共场合（二）

中央空调的概念：

_____

（4）图 1-3 是中央空调的系统图，请标出各部分组成。

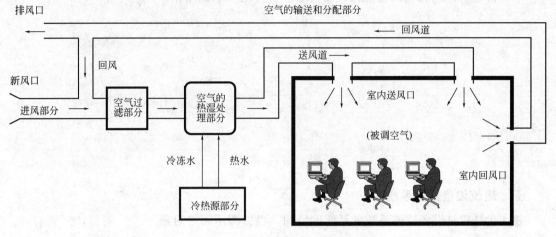

图 1-3　中央空调系统图

中央空调的组成：

_____

_____

_____

三、空调监控系统

图 1-4 是空调监控系统的实物图，根据图示回答问题。

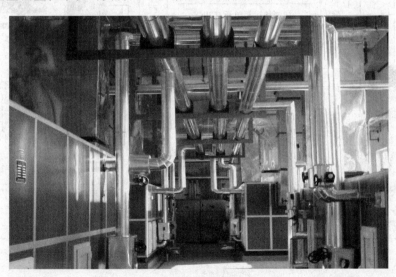

图 1-4　空调监控系统的实物图

什么是空调监控系统？

_____

_____

四、舒适性空调常用功能段

思考舒适性空调常用的功能段主要有哪些，并画出示意图。

五、建筑设备监控系统

图 1-5 是建筑设备监控系统的系统网络图，根据图示回答问题。

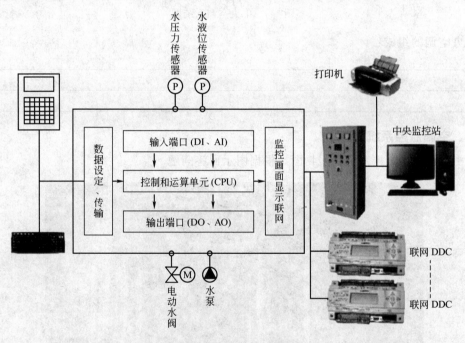

图 1-5　建筑设备监控系统的系统网络图

建筑设备监控系统的控制在系统中的作用是什么？

六、完成问题

根据网络资源、相关书籍资料完成下面问题

（1）什么是仪表柜？仪表柜的分类有哪些？

（2）仪表柜与仪表箱的区别是什么（见图 1-6）？

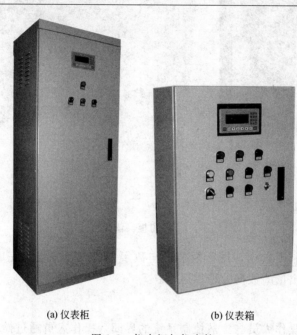

(a) 仪表柜　　　　　　　　(b) 仪表箱

图 1-6　仪表柜与仪表箱

（3）仪表柜与动力柜的区别是什么（见图 1-7）？

小辞典

一、空调监控系统

空调监控系统主要进行空调系统的空气处理器、新风机组、变风量末端、冷水机组、换热器等设备运行状态的监视，故障报警和启停控制，以及相应的节能管理。

1. 分散过程控制装置

分散过程控制装置是集散控制系统与生产过程间的接口。生产过程的各种过程变量通过分散过程控制装置转化为操作监视的数据，而操作的各种信息也通过分散过程控制装置送到

(a) 动力柜   (b) 仪表柜

图 1-7　动力柜与仪表柜

执行机构；在过程控制装置内，进行模拟量与数字量的相互转换，完成各种控制算法的运算，以及对输入与输出量的数据处理等运算。

2. 操作管理装置

操作管理装置是操作人员与集散控制系统的界面，操作人员通过操作管理装置了解生产过程的运行状况，并通过它发出操作指令。生产过程的各种参数集中在操作站上显示，以便于操作人员监视和操作。

3. 通信系统

过程控制装置与操作站之间完成数据之间的传递相交换的桥梁是通信系统。

通信系统常采用总线型、环形等计算机网络结构，不同的装置有不同的要求。

该通信系统与一般的办公或商用通信网不同，它具有实时性好、动态响应快、可靠性高、适应性强等特点。

二、控制柜与配电柜的区别

配电箱和控制柜差别较大，但是从实际工程来看存在部分重叠内容，一般情况下配电箱提供设备动力电源甚至控制电源，其中设置接触器等自动切断装置，其接受外部或就地指令，而控制柜相对功能要多很多，比如很多就地联锁、控制等均在控制柜实现，内部配备继电器联锁甚至智能设备控制，所有就地设备的控制指令均由此发出或中转。

这些设备的概念不是很明确，使人们常常混用。

（1）配电箱：小型电源分配箱，内部包含电源开关和保险装置。

（2）控制箱：小型控制分配箱，内部包含电源开关、保险装置、继电器（或者接触器），可以用于指定的设备控制，例如电动机等控制。

（3）配电柜：实际是配电箱的大型化，可以提供较大功率或者较多通道的电源输出。

（4）控制柜：实际是控制箱的大型化，可以提供较大功率或者较多通道的控制输出，也可以实现较复杂的控制。

（5）控制屏：只有正面的控制柜，所有内部设备全部安装在面板上。

培训活动 2　制订施工计划

培训目标

1. 能识读建筑设备监控系统的系统图、监控点表、控制柜电气原理图、接线图。
2. 能辨识空调机组的设备类型、功能段。
3. 能描述空调监控系统仪表柜设计与装配工作流程。
4. 能够根据国家标准及施工要求勘察施工现场、制订施工计划。

建议学时

6 学时

培训准备

互联网资源，CP、MP 系列节能控制箱/柜符合《低压成套开关设备和控制设备》（GB 7251.1～5）、《JK 型交流低压电控设备》（JB/T 9666—1999）等国家、部委标准。

培训过程

一、制订施工计划、进行施工

根据施工图纸勘察现场的施工环境、安装位置、施工障碍等情况（见图 1-8、图 1-9），通过小组讨论得出解决方案，制订施工计划，上报给项目经理（任课老师），计划合格后方可进行施工。

（1）通过查询《建筑电气工程设计常用图形和文字符号》（09DX001），写出图纸中的这些图例符号和代号（见表 1-2）。

表 1-2

KT	ΔP	TS	H
T	QF	FU	Ⓜ▷◁

（2）写出图 1-10 空调监控系统的主要组成功能段。

_____

_____

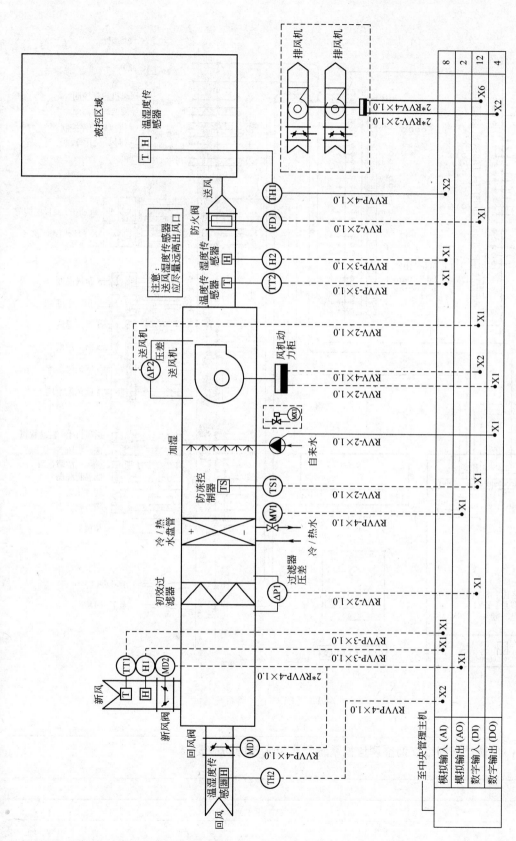

图 1-8　空调机组系统

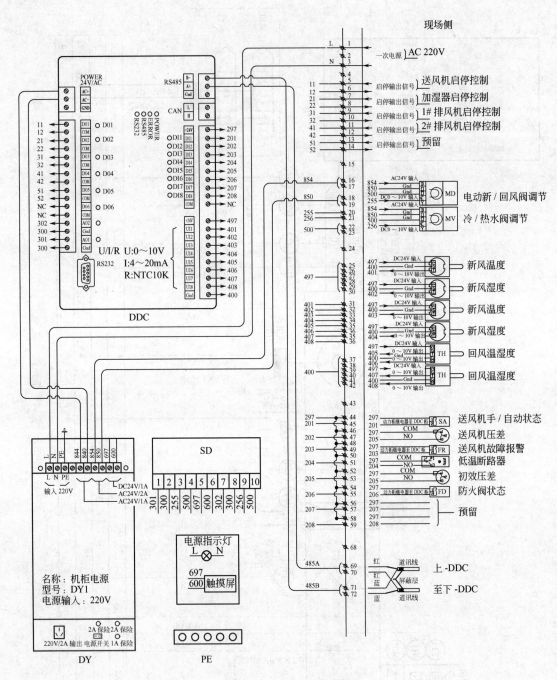

图 1-9　DDC-1 空调系统

（3）请根据网络查询空调监控系统仪表柜实现的功能要求。

图 1-10　空调监控系统

（4）写出空调监控系统仪表柜的组成。

_____

_____

（5）根据网络和企业的生产规范查出空调监控系统仪表柜设计与装配的流程，并画在下面。

_____

_____

_____

二、编制施工计划（施工步骤、负责人、预计完成时间）

_____

_____

_____

_____

_____

_____

_____

_____

工作计划是一个单位或团体在一定时期内为完成工作的工作打算。写工作计划要求简明扼要、具体明确，用词造句必须准确，不能含糊。

1. 工作计划的格式

（1）计划的名称。包括订立计划单位或团体的名称和计划期限两个要素，如"××工作计划"。

（2）计划的具体要求。一般包括工作的目的和要求，工作的项目和指标，实施的步骤和措施等，也就是为什么做、怎么做、做到什么程度。

（3）最后写订立计划的日期。

2. 工作计划的内容

一般地讲，工作计划的内容包括以下几方面。

（1）情况分析（制订计划的根据）。制订计划前，要分析研究工作现状，充分了解下一步工作是在什么基础上进行的，是依据什么来制订这个计划的。

（2）工作任务和要求（做什么）。根据需要与可能，规定出一定时期内所应完成的任务和应达到的工作指标。

（3）工作的方法、步骤和措施（怎样做）。在明确了工作任务以后，还需要根据主客观条件，确定工作的方法和步骤，采取必要的措施，以保证工作任务的完成。

3. 制订好工作计划须经过的步骤

（1）认真学习研究上级的有关指示办法，领会精神，武装思想。

（2）认真分析实际的具体情况，这是制订计划的根据和基础。

（3）根据上级的指示精神和本单位的现实情况，确定工作方针、工作任务、工作要求，再据此确定工作的具体办法和措施，确定工作的具体步骤，环环紧扣，付诸实现。

（4）根据工作中可能出现的偏差、缺点、障碍、困难，确定预算克服的办法和措施，以免发生问题时，工作陷于被动。

（5）根据工作任务的需要，组织并分配力量，明确分工。

（6）计划草案制订后，应交全体人员讨论。计划是要由群众来完成的，只有正确反映群众的要求，才能成为大家自觉为之奋斗的目标。

（7）在实践中进一步修订、补充和完善计划。计划一经制订出来，并经正式通过或批准以后，就要坚决贯彻执行。在执行过程中，往往需要继续加以补充、修订，使其更加完善，切合实际。

为了更好地完成这项任务，请每个小组把认为是重点的部分在施工计划中体现出来。

培训活动 3　准备工具材料

 **培训目标**

1. 能正确选择工具。

2. 能根据建筑设备监控系统控制原理图、监控点表、控制柜电气原理图、接线图正确地选择设备和线缆。

建议学时

6 学时

培训准备

互联网资源、施工规范、施工图纸、产品说明书。

培训过程

一、完成问题

通过中级工课程的学习以及施工图纸的识读，完成下面的问题。

(1) 仪表柜的核心组成部件是 DDC 控制器，它也叫"直接数字控制器"，那么如何理解"直接"和"数字"呢?

_____

_____

_____

(2) DDC 控制器的主要功能是什么?

_____

_____

_____

(3) DDC 控制器的配置原则是什么?

_____

_____

(4) DDC 控制柜装配一般用 BVR 电源线，是一种铜芯聚氯乙烯绝缘软电线，应用于固定布线。请问 B、V、R 分别代表什么意思，请写在下面。

B 是指＿＿＿＿＿＿＿＿＿＿，用字母＿＿＿＿＿＿表示。

V 是指＿＿＿＿＿＿＿＿＿＿，也俗称＿＿＿＿＿＿＿＿。

R 是指＿＿＿＿＿＿＿的意思，要做到＿＿＿＿＿＿＿＿，就要增加导体根数。

（5）空调监控系统仪表柜组成部件中，图例符号"XT"代表＿＿＿＿＿＿＿＿＿元件（如图1-11 所示），请通过网络查询出此设备的定义、分类、识别标准。

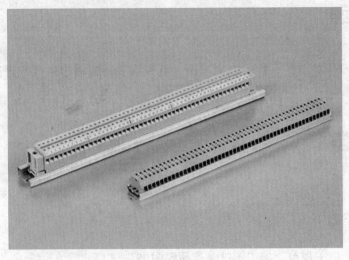

图 1-11　元件（一）

＿＿

＿＿

＿＿

＿＿

（6）空调监控系统仪表柜组成部件中，图例符号"FU"代表＿＿＿＿＿＿＿＿元件（如图1-12 所示），请通过网络查询出此设备的定义、分类、工作原理、结构。

图 1-12　元件（二）

熔断器是一种＿＿＿＿＿＿＿＿＿＿＿＿。熔断器主要由＿＿＿＿＿＿＿＿＿＿和＿＿＿＿＿＿＿＿以及外加＿＿＿＿＿＿＿＿＿＿＿等部分组成。使用时，将熔断器＿＿＿＿＿＿＿＿＿＿于被保护电路中，当被保护电路的电流超过规定值，并经过一定时间后，由熔体自身产生的热量熔断熔体，使电路＿＿＿＿＿＿＿＿，从而起到保护的作用。以金属导体作为熔体而分断电路的电器，串联于电路中，当＿＿＿＿＿＿＿＿＿＿电流通过熔体时，熔体自身将发热而熔断，从而对电力系统、各种电工设备以及家用电器都起到了一定的保护作用。具有＿＿＿＿＿＿＿特性，当过载电流小时，熔断时间＿＿＿＿＿＿；过载电流大时，熔断时间＿＿＿＿＿＿。因此，在一定过载电流范围内至电流恢复正常，熔断器不会熔断，＿＿＿＿＿＿继续使用。

＿＿＿＿＿＿＿＿＿＿＿＿＿＿＿＿＿＿＿＿＿＿＿＿＿＿

＿＿＿＿＿＿＿＿＿＿＿＿＿＿＿＿＿＿＿＿＿＿＿＿＿＿

＿＿＿＿＿＿＿＿＿＿＿＿＿＿＿＿＿＿＿＿＿＿＿＿＿＿

（7）空调监控系统仪表柜组成部件中，图例符号"QF"代表＿＿＿＿＿元件（如图1-13所示），请通过网络查询出此设备的定义、分类、工作原理、结构。

图1-13　元件（三）

＿＿＿＿＿＿＿＿＿＿＿＿＿＿＿＿＿＿＿＿＿＿＿＿＿＿

＿＿＿＿＿＿＿＿＿＿＿＿＿＿＿＿＿＿＿＿＿＿＿＿＿＿

＿＿＿＿＿＿＿＿＿＿＿＿＿＿＿＿＿＿＿＿＿＿＿＿＿＿

＿＿＿＿＿＿＿＿＿＿＿＿＿＿＿＿＿＿＿＿＿＿＿＿＿＿

二、填写材料清单

根据前面所学习的知识及施工图纸，将本次施工所用到的设备、工具、材料，填写在材料清单（见表1-3）中。

表1-3　材料清单

序号	名称	型号与规格	单位	数量	备注
1					
2					
3					
4					
5					
6					

续表

序号	名称	型号与规格	单位	数量	备注
7					
8					
9					
10					
11					
12					
13					
14					

小辞典

一、DDC 控制器

DDC（direct digital control）直接数字控制，通常称为 DDC 控制器。DDC 系统的组成通常包括中央控制设备（集中控制电脑、彩色监视器、键盘、打印机、不间断电源、通信接口等）、现场 DDC 控制器、通信网络，以及相应的传感器、执行器、调节阀等元器件。

DDC 控制器是整个控制系统的核心，是系统实现控制功能的关键部件。它的工作过程是控制器通过模拟量输入通道（AI）和数字量输入通道（DI）采集实时数据，并将模拟量信号转变成计算机可接受的数字信号（A/D 转换），然后按照一定的控制规律进行运算，最后发出控制信号，并将数字量信号转变成模拟量信号（D/A 转换），并通过模拟量输出通道（AO）和数字量输出通道（DO）直接控制设备的运行。

DDC 控制器的分类及优缺点如下。

DDC 控制器分为一体式 DDC 控制器和分布式 DDC 控制器。

（1）一体式 DDC 控制器的特点：一体式 DDC 就是控制器为一体机结构，即输入电源、输入/输出点、通信接口等均在一个控制器上。一体式 DDC 控制器的好处是体积小，价格相对比较便宜，特别适合在小范围内进行集中控制。

（2）分布式 DDC 控制器的特点：分布式 DDC 与一体式 DDC 的不同是它具有很好的通用性和扩展性，控制器的主机、通信、I/O 点等都是模块结构，可以随意地组合。

二、空气开关

电能使热元件产生一定热量，促使双金属片受热向上弯曲，推动杠杆使搭钩与锁扣脱开，将主触头分断，切断电源。当线路发生短路或严重过载电流时，短路电流超过瞬时脱扣整定电流值，电磁脱扣器产生足够大的吸力，将衔铁吸合并撞击杠杆，使搭钩绕转轴座向上转动与锁扣脱开，锁扣在反力弹簧的作用下将三副主触头分断，切断电源。

开关的脱扣机构是一套连杆装置。当主触点通过操作机构闭合后，就被锁钩锁在合闸的位置。如果电路中发生故障，则有关的脱扣器将产生作用使脱扣机构中的锁钩脱开，于是主触点在释放弹簧的作用下迅速分断。按照保护作用的不同，脱扣器可以分为过电流脱扣器及失压脱扣器等类型。

　　主要作用：在正常情况下，过电流脱扣器的衔铁是释放着的；一旦发生严重过载或短路故障，与主电路串联的线圈就将产生较强的电磁吸力把衔铁往下吸引而顶开锁钩，使主触点断开。欠压脱扣器的工作恰恰相反，在电压正常时，电磁吸力吸住衔铁，主触点才得以闭合。一旦电压严重下降或断电，衔铁就被释放而使主触点断开。当电源电压恢复正常时，必须重新合闸后才能工作，实现了失压保护。

培训活动 4　　空调监控系统仪表柜设计与装配

🎯 培训目标

1. 能根据施工图纸完成空调监控系统 DDC 仪表柜设计。
2. 能根据施工图纸完成空调监控系统 DDC 仪表柜装配。

🕐 建议学时

18 学时

📑 培训准备

互联网资源、施工规范、施工图纸、产品说明书。

📶 培训过程

一、完成问题

根据企业的生产规范完成下面问题。

1. 画出空调监控系统控制柜设计与装配步骤

2. 根据企业的仪表柜生产规范完成下面仪表柜的设计相关问题

仪表柜的设计主要从功能设计和 DDC 控制器选型两方面考虑。

（1）功能设计

① 根据使用要求，确定装配类型。

新风仪表柜；空调仪表柜；冷站仪表柜；换热站仪表柜；照明柜；给排水柜；配电柜等。

重点：在于各监控点位的统计，以及控制器类型的选择。

a. 监控范围：地下一层空调监控系统 2，首层空调监控系统 4。

b. 控制器要求：采用 Excel5000 系列现场控制器 XL100。XL100 是一种点数较少的控制器，它有数字信号输入点（DI）12 个，模拟信号输入点（AI）12 个，数字/模拟信号通用输出点（DO/AO）12 个。

c. 监控原理图如图 1-14 所示。

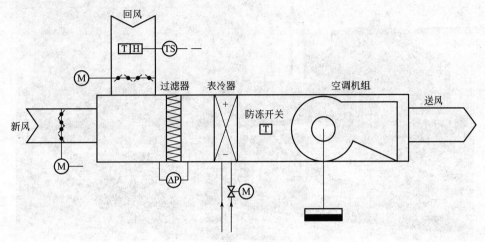

图 1-14　监控原理图

请根据空调监控系统的系统图，统计出空调监控系统各监控点位并选择出 DDC 控制器，填写在表 1-4 中。

表 1-4

设备　　　　类型	被控设备数量	AI	AO	DI	DO	得分
小计						
XL100 DDC						

② 根据安装位置，进行功能分类。

冷站的冷却塔柜宜_____设置，安放于_____、_____等冷却塔的动力柜旁（而不是统一装在冷冻机房内，可减少线材及施工量），此时注意不能把_____控制与冷却塔控制分配在一个控制器中。如图 1-15 所示为屋顶冷却塔。

图 1-15 屋顶冷却塔图

③ 根据使用要求，确定是否安装人机操作面板（MMI）。

人机操作面板分触摸屏、文本显示器两种。如图 1-16 所示。

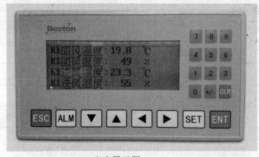
(a) 文本显示器

(b) 触摸屏

图 1-16 人机操作面板

④ 根据使用要求，确定是否安装手动调节器。

便于工程调试及设备运行过程问题查找、临时故障处理。

厂房项目及重要工程必装，一般楼宇工程可不装。

手动调节器如图 1-17 所示。

请写出手动调节器的原理，并画出接线图。

（2）控制器选型

① 工业级项目（制药厂、电子厂、电厂）或较重要的楼宇项目（如医院手术室、博物馆等），应选用＿＿＿＿＿＿进行控制（如图 1-18 所示）。

图 1-17　手动调节器

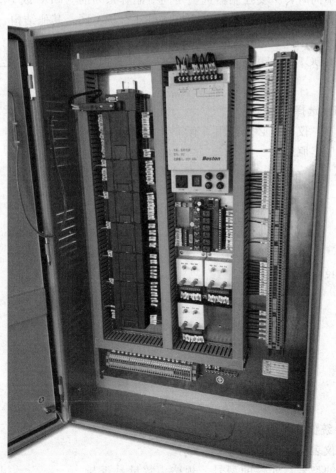

图 1-18　控制器（一）

② 工业级项目（制药厂、电子厂、电厂）或较重要的楼宇项目柜内应安装_____（如图 1-19 所示）。

图 1-19　控制器（二）

（3）控制对象不同时，只要控制器选型是同一品牌系列的（DDC 或 PLC），则仪表柜仅 I/O 点数量有所不同及因 I/O 点数增减可能柜体尺寸有所不同，其他结构、布局应保持基本相同。

（4）每柜一台 DDC，可以配多个_____，但不宜安装多个控制器，特别是控制器为独立运行时。

3. 柜内主要部件选择

（1）隔离变压器：仪表柜必须选用带有_____的专用变压器，阻止电磁干扰。请查出隔离变压器原理。

（2）电源：应尽量采用_____电源。

4. 空调监控系统仪表柜装配的工艺要求和条件

空调监控系统仪表框装配的工艺要求如下。

（1）查看产品的型号，元件的型号、规格、数量是否与_____相等，不符时不得安装。

（2）柜体的外形、元件_____，_____的不得安装。

（3）组装前必须_____元件的_____。

（4）具备装配图纸的产品，必须_____。

（5）柜门与柜体间必须_____。

组装产品要满足以下条件。

（1）根据元件说明书进行安装。如无原件说明书，可根据_____进行安装。

（2）操作方便。元件在操作时，不应受_____，不应有_____的可能。

（3）维修方便。能够较方便地_____元件及维修结构连线。

（4）元件组装顺序。应从板前视由_____，由_____。

（5）同一型号的产品保证组装_____。

（6）安装时所有的紧固件及金属零部件均应有防护层，防护层无_____、_____、_____等现象。

（7）对于螺栓的紧固件应选用合适的工具，不得破坏紧固件的_____。

（8）紧固螺钉要求_____、_____、_____固定；如两个元件连接有漆皮时，每台最少_____个爪垫，且抓破漆皮，螺母固定后，螺扣露出的长度_____。

（9）对于精密仪表等易碎元件，应加_____，紧固时，用力适当。

（10）对于发热元件，应在_____的地方安装。

（11）每个元件的附近应有标志牌，标志牌应与_____相符，标志牌不应安在_____。

（12）标志牌应位于_____、_____的地方，粘贴时不得歪斜，字体要清晰。

5. 导线选择

（1）选择导线根据图纸要求，过门导线选用_____，并用_____缠绕，过门两端应_____，线长留有余量。

（2）导线应_____，不应有_____、_____。

（3）剥线时不得断股。

（4）导线有元件连接端头需要压接时，应优先选用_____压接牢固，不得松动。一个接线端只允许接一根导线，最多不得超过两根。不同截面的两根导线_____接在一个接点上。

（5）导线两端应套与_____的线号，线号的长度应一致、清晰、不得涂改。

6. 接线端子安装的注意事项（见图1-20）

（1）安装时便于操作，端子位置与仪表盘底边距离不得小于_____。

（2）端子顺序从板前横向_____，竖向_____。

（3）端子与导线相连，当选用BVR软导线时，应用_____，压接应牢固、可靠，不得有_____现象。

（4）导线的截面与端子_____。

（5）一个端子只能接一根导线。

（6）不接线的端子也要拧紧，挡块要固定，不得松动。

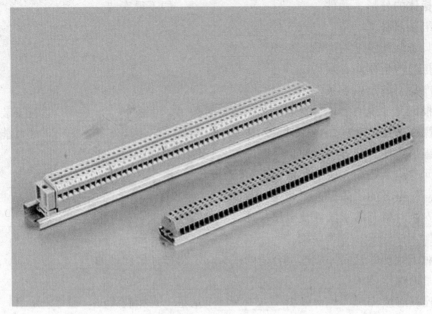

图 1-20　接线端子

（7）强弱端子应分开布置，有困难时应有明显标志并设_____隔开。

（8）熔断器的安装应位于_____的地方，操作时，不应触及_____，组装时要轻拿轻放，避免磕碰、划伤元件和装置的漆面。

7. 保护接地的连续性，利用有效的接地线来保证

（1）柜内任意两个金属零部件通过_____连接时，如有绝缘层，应用相应规格的_____。

（2）箱柜等接地 PE 支线必须单独与接地 PE 干线相连接，不得_____。

（3）盘上装有接地装置的设备或有接地要求的，其外壳应_____。

（4）所有盘、箱、柜等产品安装时，凡有漆面处需在安装时加装_____，在板前视_____面加装接地垫圈。

二、小组成员分工

对实施任务进行分解，小组成员进行分工，并填写在表 1-5 中。

表 1-5　小组成员分工表

编号	姓名	小组中职能	分工内容	备注
1				
2				
3				
4				
5				
6				
7				

学习拓展

为了在以后的工作中更方便地完成工作任务，请完成下面的连线。

（1）请用连线将以下符号与正确的说明连接起来。

AI　　　　　　　开关量输出

DI　　　　　　　模拟量输出

AO　　　　　　　开关量输入

DO　　　　　　　模拟量输入

（2）用连线表明以下符号与说明的对应关系。

BAS　　　　　　变风量

HVAC　　　　　 直接数字控制器

VAV　　　　　　楼宇自动化系统

DDC　　　　　　采暖通风与空调

下面以小组为单位，根据施工计划和施工图纸，领取使用的工具及耗材等，完成空调监控系统仪表柜的设计与装配。

 小辞典

1. 组装产品要满足的条件

（1）根据元件说明书进行安装。如无原件说明书，可根据工厂标准进行安装。

（2）操作方便。元件在操作时，不应受空间妨碍，不应有触及带电体的可能。

（3）维修方便。能够较方便地更换元件及维修结构连线。

（4）元件组装顺序。应从板前视由左至右，由上至下。

（5）同一型号的产品保证组装一致性。

（6）安装时所有的紧固件及金属零部件均应有防护层，防护层无脱落、变质、生锈等现象。

（7）对于螺栓紧固件，应选用合适的工具，不得破坏紧固件的防护层。

（8）紧固螺钉要求平垫圈、弹垫圈、螺母固定；如两个元件连接有漆皮时，每台最少一个爪垫，且抓破漆皮，螺母固定后，螺扣露出的长度2～3扣。

（9）对于精密仪表等易碎元件，应加胶皮垫，紧固时，用力适当。

（10）对于发热元件，应在通风良好的地方安装。

（11）每个元件的附近应有标志牌，标志牌应与图纸相符，标志牌不应安在元件本身上。

（12）标志牌应位于醒目、明确的地方，粘贴时不得歪斜，字体要清晰。

2. 导线选择

（1）选择导线根据图纸要求，过门导线选用 BVR 多股铜芯软导线，并用螺旋管缠绕，过门两端应固定，线长留有余量。

（2）导线应绝缘良好，不应有断头、接头。

（3）剥线时不得断股。

（4）导线有元件连接端头需要压接时，应优先选用 TO、TV、TZ 冷压头压接牢固，不得松动。一个接线端只允许接一根导线，最多不得超过两根。不同截面的两根导线不得接在一个接点上。

（5）导线两端应套与图纸相符的线号，线号的长度应一致、清晰、不得涂改。

3. 端子安装

（1）安装时便于操作，端子位置与仪表盘底边距离不得小于 20mm。

（2）端子顺序从板前横向由左往右，竖向由上往下。

（3）端子与导线相连，当选用 BVR 软导线时，应用专门压下接头，压接应牢固、可靠，不得有露铜现象。

（4）导线的截面与端子相匹配。

（5）一个端子只能接一根导线。

（6）不接线的端子也要拧紧，挡块要固定，不得松动。

（7）强弱端子应分开布置，有困难时应有明显标志并设空端子隔开。

（8）熔断器的安装应位于空开操作的地方，操作时，不应触及带电体部分，组装时要轻拿轻放，避免磕碰、划伤元件和装置的漆面。

4. 保护接地的连续性，利用有效的接地线来保证

（1）柜内任意两个金属零部件通过螺钉连接时，如有绝缘层的应用相应规格的接地垫圈。

（2）箱柜等接地 PE 支线必须单独与接地 PE 干线相连接，不得串联。

（3）盘上装有接地装置的设备或有接地要求的，其外壳应可靠接地。

（4）所有盘、箱、柜等产品安装时，凡有漆面处需在安装时加装接地垫圈，在板前视右面加装接地垫圈。

培训活动 5　检测验收

 **培训目标**

1. 能完成空调监控系统仪表柜检测。
2. 能完成空调监控系统仪表柜验收。

建议学时

12 学时

培训准备

互联网资源、施工规范、施工图纸、产品说明书、万用表。

培训过程

一、线路检查

完成安装与接线后，在教师的指导下，对照自己的成果根据施工图纸用万用表逐点检测，通断符合图纸要求，并记录下问题。

_____
_____
_____
_____
_____
_____
_____
_____
_____
_____

按图纸与实物对照。

（1）主要部件是否有缺项。

（2）接线数量是否有缺项。

（3）接线线号是否正确。

（4）主要部件是否有标识。

（5）对照图纸用万用表逐点检测，通断应符合图纸要求。

注意：用万用表测试线缆通断的使用方法。

检查完成后，根据发现的问题，进行及时修正。

二、回答问题并通电试运行

先回答以下问题，然后通电试运行。

（1）通电前的安全措施有哪些？

_____

_____

_____

（2）检查和通电过程中遇到了哪些问题，原因在哪，如何解决的？

_____

_____

_____

（3）安装完毕后，清点所用的工具、仪表有哪些？整理好。

_____

_____

_____

（4）作业完毕后收集剩余材料，清理工程垃圾的具体工作有哪些？

_____

_____

_____

这个空调监控系统仪表柜要实现哪些功能？

_____

_____

_____

_____

三、根据监控点表（表 1-6）、施工图纸完成 DDC 控制器硬件配置

下面以小组为单位，根据施工计划和施工图纸，领取使用的工具及耗材等，完成空调监控系统仪表柜的验收，并填写表 1-7。

表1-6　DDC监控点一览表

设备名称：空调机组系统 DDC-1

序号	监控点描述	设备位号	通道号	绝对地址/连接变量	DI类型 接点输入 电压输入 DC12V	DC24V	常开 NO	常闭 NC	DO类型 接点输出 电压输出 AC24V	AC220V	模拟输入AI 信号类型 0~10V	4~20mA	热敏电阻	供电电源 DC24V	DC15V	模拟输出AO 信号类型 0~10V	4~20mA	管线编号 线号	名称	型号及规格	数量
	BS-4384(1套)																				
1	新风温度	BS-4384	AI1								1								风道温度传感器	BD-1000TA/02050	1
2	送风温度		AI2									1							风道温度传感器	BD-1000TA/050	1
3	送风湿度		AI3								1								风道湿度传感器	BD-1000HB	1
4	室内温度		AI4								1								室内温湿度	BR-2000HTA/D	1
5	室内湿度		AI5								1										
6	回风温度		AI6								1								风道温湿度传感器	BD-1000HTA/050 0~100%	1
7	回风湿度		AI7																		
8	新/回风阀调节	BS-4384	AO1													1					
9	冷/热水阀调节		AO2													1			电动两通阀	TF20-2VGC-L TR500-X	1
10	送风机手/自动状态	BS-4384	DI1			1	1														
11	送风机运行状态		DI2			1	1														
12	送风机故障报警		DI3			1	1														

续表

设备名称：空调机组系统 DDC-1

序号	监控点描述	设备位号	通道号	连接变量/绝对地址	DI类型 接点输入 DC12V	DI类型 DC24V	DI类型 常开NO	DI类型 常闭NC	DO类型 接点输出	DO类型 电压输出 AC24V	DO类型 AC220V	模拟输入AI 信号类型 0~10V	4~20mA	热敏电阻	供电电源 DC24V	DC15V	模拟输出AO 信号类型 0~10V	4~20mA	管线编号 线号	检测控制设备 名称	型号及规格	数量
		BS-4384																				
13	防冻开关		DI4			1	1													低温断路器	A11D-3（1.0～7.5℃）感温元件长度：3m	12
14	初效过滤器		DI5			1	1													过滤器压差开关	TP33C-30（30～300Pa）带安装耳环	12
15	防火阀状态		DI6			1	1															
16	送风机启停控制	BS-4384	DO1						1													
17																						
18																						
19																						
20																						
21																						
22																						
23																						
24																						
25																						
26	总计					6			1				7				2					

表 1-7　仪表柜检验报告

序号		检验项目	技术要求	检测结果
1	外观	元器件选择	(1)元器件必须具有生产许可证,强制认证的产品必须具有认证标志 (2)元器件应符合产品电力执行标准及设计图样额定参数的要求	
		元器件安装	元器件安装应牢固可靠,应留有足够的距离和维护拆卸罩所需的空间,并有防松措施,外部接线端子应为接线留有必要的空间	
		控制线配制	(1)导线截面选用符合要求,布线合理,整齐美观 (2)线耳牢固,无松动现象 (3)接地保护良好,接地螺钉牢固	
		结构、被覆层	(1)产品结构尺寸和选择应符合设计要求,柜架有足够的机械强度 (2)漆层色泽均匀,无明显的流痕、针孔、起泡等缺陷 (3)电镀层均匀,铅化膜完整无脱镀、发黑、霉点等缺陷 (4)检测机柜集成,即结构、接线、系统接地、风扇和照明灯完好	
2	性能测试	静电测试	根据图纸用万用表逐点检测,通断符合图纸要求	
		通电试验	(1)按装置的电气原理图要求,进行通电模拟动作试验,动作应正确,符合设计要求 (2)检测电源分配,包括220V AC和24V DC,所有设备均可正常上电 (3)检测每台A500控制器,设置IP地址,更新Firmware,并下装测试程序,均正常 (4)检测通信设备,通信正常 (5)检测人机界面,显示正常,通信正常 (6)检测I/O模块功能以及每个I/O通道,正常	

小辞典

1. 检查

(1) 紧固后的元件应牢固可靠,不得晃动。

(2) 组装后的元件应横平竖直,端正美观。

(3) 接线正确牢固,接点处不得有松动现象。

(4) 组装完成后,柜内应保持清洁。

(5) 交检前,应自检,互检。

2. 动力、仪表柜装配工艺要求

(1) 在成批量加工时要求设计原理图、装配图、元器件、线槽装配内容尺寸一致。安装时,按设计要求允许偏差在规定范畴,盘、柜单独安装时,其垂直度、水平度,应符合允许偏差范围。

(2) 在成批量加工动力柜时,柜内走线应严格按照设计图纸走线,不得有改动,以达到一致性,当仪表柜装有选择开关时,以选择开关上方指示为准,在接线时要按图纸对应端子接线不得跳位。

(3) 在装配期间注意保护好柜体油漆,安装时表面不得有划痕,做到轻拿轻放,不得拖动柜体。

(4) 工程部在装配控制盘时,装配人员将控制盘内熔断器要按图纸配上熔芯,同时完成控制柜面板标示，清理控制柜及盘内卫生，配线人员完成盘内各器件标注，配线完毕后同时装配线槽盖。

（5）柜内走线要整齐，不得有飞线，线号标注必须使用打号机。线号要清晰，不得用记号笔写号码。

（6）一根走线槽用2个及以上螺钉固定，300～400的线槽用2个螺钉可取适当位置，超过1m的线槽最少用3个螺钉固定，线束占线槽的2/3。

（7）在做线时如有过门线应用软线（RV或BVR），软线应涮锡或用冷压插头，不得直接使用，如使用多股动力线应用冷压端头或涮锡，端头处理，电气元件接线应留有三次在接的余量。做动力线时，应使用三色线（黄、绿、红），如使用一种颜色线，应使用黄、绿、红三种缩套管区分。

（8）在做完盘之后，必须将所有未接线的端子重新拧紧，防止运输机脱落。

（9）柜内器件贴有打印的与图纸一致的标签，标签不得用记号笔编写。

（10）手调板对应说明用专用标签打印，不得用记号笔编写，或其他方式标注。

（11）动力、仪表柜装配完后柜内必须贴有图纸及出厂标签。（名称、型号、尺寸、出厂日期）图纸贴不下时折叠装袋后粘贴柜内。

（12）柜门接地线要用镀锡编织带，并贴上接地标志。

（13）线槽布局远离安装件，线槽出口有活动的地方，用螺旋管缠绕。

（14）柜内各接地器件必须一点接地，不允许串联连接。

（15）动力、仪表柜入库前将柜门钥匙悬挂在柜内。

（16）质量控制：在生产中对质量进行全程控制自检、互检、专检。目的：保证产品的质量、合格性、稳定性、经济性，最终达到可靠性。

（17）动力、仪表柜入库前要将柜内清扫干净并做通电调试，仪表柜要做仿真测试，合格后方可入库。

（18）检验人员在检验仪表（动力）柜，有某项不符合要求时由相关人员改进。

（19）入库前必须检验员检测，检测合格后检测员出具检验报告，在合格证上盖上检验章，同意出厂。

培训活动 6　总结与拓展

🎯 培训目标

1. 能够根据任务实施过程，正确进行自评、互评及小组评价。
2. 能够完成活动评价表填写。

🕐 建议学时

6 学时

📚 培训准备

工作计划、活动评价表等。

工作总结，就是把某一时期已经做过的工作，进行一次全面系统的总检查、总评价，进行一次具体的总分析、总研究；也就是看看取得了哪些成绩，存在哪些缺点和不足，有什么经验、提高。其间有一条规律：计划→实践→总结→再计划→再实践→再总结。表 1-8 和表 1-9 为活动评价表和学习评价表。

表 1-8　评价与反馈　活动评价表

班级：　　　　　　　组别：　　　　　　　姓名：

项目	评价内容	评价等级（学员自评）		
		A	B	C
职业素养评价项目	遵守学习纪律、不迟到早退			
	学习准备充分、仪容仪表符合活动要求			
	学习态度积极主动,踊跃发言和参予小组讨论			
	有团队合作意识,注重沟通及相互协作			
	自主学习,成果展示			
职业能力评价项目	按时按要求独立完成工作页			
	工具、设备选择得当,使用符合技术要求			
	操作规范,符合要求			
	安全意识、责任意识,5S 管理意识			
	注重工作效率与工作质量			
小组评语及建议	他(她)做到了： 他(她)的不足： 给他(她)建议：	组长签名： 　　　年　　月　　日		
老师评语及建议		评定等级或分数 ＿＿＿＿＿＿＿ 教师签名： 　　　年　　月　　日		

表 1-9　学习评价表

评价项目	自评		组评			教师评价
工具清单 （10分）	有	无	罗列清楚	缺少工具 （　）个	无工具清单	
施工计划 （10分）	有	无	可行	不全面	不可行	
材料分类 （25分）	有	无	全部分类	部分分类	没有分类	
工位清洁 （10分）	有	无	全部清洁	有清扫痕迹， 但不干净	未清洁	
设备使用 （10分）	无损坏	有损坏				
工作中索要工具 （5分）	有	无	索要次数（　　）			
工作中大声喧哗 （5分）	无	有				
施工安全 （10分）	有	无				
工具使用 （10分）	正确	错误				
奖励（5分）						

学习拓展

刚才学习的是空调监控系统仪表柜设计与装配，请通过网络查询带变频器的空调监控系统仪表柜的设计与装配方法。（每组以 PPT 形式汇报）

小提示

写 作 指 导

（1）工作总结必须有情况的概述和叙述，有的比较简单，有的比较详细。这部分内容主要是对工作的主客观条件、有利和不利条件以及工作的环境和基础等进行分析。

（2）成绩和缺点。这是总结的中心。总结的目的就是要肯定成绩，找出缺点。成绩有哪些，有多大，表现在哪些方面，是怎样取得的；缺点有多少，表现在哪些方面，是什么性质的，怎样产生的，都应讲清楚。

（3）经验和教训。做过一件事，总会有经验和教训。为便于今后的工作，必须对以往工作的经验和教训进行分析、研究、概括、集中，并上升到理论的高度来认识。

（4）今后的打算。根据今后的工作任务和要求，吸取前一时期工作的经验和教训，明确努力方向，提出改进措施等。

培训任务 二

冷热源监控系统仪表柜设计与装配

培训目标

1. 能正确识读冷热源监控系统控制原理图、监控点表、控制柜电气原理图、接线图。
2. 能查阅冷热源监控系统仪表柜设计规范或搜索相关信息，获取仪表柜设计与装配方法。
3. 能看懂工作任务单，明确自己的工作任务。
4. 能选用安装工具、设备与材料。
5. 能按照施工图及施工要求完成仪表柜的设计与装配。
6. 能完工检验并交付。
7. 能执行现场 5S 的工作管理。
8. 能按照工作要求，执行本岗位工作流程，并能规范填写工作记录。

建议学时

48 学时

培训地点

智能楼宇实训中心

培训资源

1. 用户手册、互联网资源。
2. 工具设备材料。
3. 多媒体设备、产品说明书。
4. 工具。
（1）电动工具：冲击钻、手电钻、电锯、电动改锥等。
（2）通用工具：测电笔、螺丝刀（旋具）、斜口钳、剥线钳、压线钳、卷尺、铆钉枪、钢锯、管钳、管线割刀、导轨切割器、电烙铁、电吹风机等。
（3）测试工具：示波器、万用表、水平仪等。

（4）辅助材料：导轨、端子排、M4 平头螺钉、自攻螺钉、冲击钻头、各种线材等。

（5）资料：派工单、施工图纸（清单、点表、控制方案、系统图、原理接线图）、相关国家标准、行业规范、安全操作规程等。

培训任务描述

　　××公司接到了××小区需要对冷热源系统进行自动化改造的任务，使物业管理中心能够及时了解小区冷热源的运行情况，使之能够满足综合调度、监视、操作和控制，达到节能的目的，同时使小区居民能够有一个比较舒适的教学环境。公司将冷热源系统仪表柜设计与装配这一工程委托某高校智能楼宇系负责。智能楼宇系领导安排楼控教研组的老师首先对该小区冷热源监控系统仪表柜设计与装配施工工程进行方案设计，并绘制出 CAD 施工图纸。指定某班级担任具体的设计与装配任务，并验收通过。

　　学员在得到该任务后，组成 8 个项目施工小组，每组的组长，从项目经理（教师扮演）处得到施工任务单，明确施工任务及注意事项，阅读学习资料（学材、施工图纸、设备说明书、安装手册等）后，组织系统所需设备及各种配套材料，列出系统配套清单，做好安全防护准备。在项目组组长带领下，勘察施工现场，小组分析讨论后，制订工作计划，项目经理（教师）审核通过后，在工作区自主选择设备，独立或协同其他人员在规定时间内完成冷热源监控系统仪表柜设计与装配施工的任务，记录结果并签字，得到项目经理的认可后，项目组依据施工任务单，完成仪表柜的设计与装配工作。工作过程中应遵守 5S 规范。将填写并签字确认的表格反馈给验收部门（由教师扮演）。验收部门（由教师扮演）依据 CP、MP 系列节能控制箱/柜符合《JK 型交流低压电控设备》（JB/T 9666—1999）、《低压成套开关设备和控制设备》（GB 7251.1~5）要求进行验收。

培训活动 1　获取资讯

🎯 培训目标

1. 能够收集冷热源系统等的资料。
2. 能看懂工作任务单，明确自己的工作任务，填写施工任务单。
3. 能够辨识冷热源系统设备。
4. 能够描述冷热源系统的组成、分类。
5. 能准确描述 5S 工作管理的内容。

🕐 建议学时

6 学时

🗂 培训准备

互联网资源、施工规范、工程安装派工单、施工图纸、图例资料、产品说明书。

📶 培训过程

一、施工任务单

阅读表2-1 施工任务单，回答下列问题。

表 2-1　施工任务单（工程部）

工程名称：××小区冷热源监控系统仪表柜设计与装配工程　　　　任务单编号：001

作业班组：工程技术部	项目负责人：
施工任务及范围安排 施工任务:按照施工图纸,完成××小区冷热源监控系统仪表柜设计与装配任务 施工范围:××小区	
施工时间: 2014 年 4 月 1 日,10 个工作日	
质量交底要求及注意事项 按装置的电气原理图要求,进行通电模拟动作试验,动作应正确,符合设计要求 检测电源分配,包括220V AC 和 24V DC,所有设备均可正常上电 检测每台 A500 控制器,设置 IP 地址,更新 Firmware,并下装测试程序,均正常 检测通信设备,通信正常 检测人机界面,显示正常,通信正常 检测 I/O 模块功能以及每个 I/O 通道,正常	
施工员签字: 年　月　日	班组长签字: 年　月　日

(1) 该安装施工的项目是什么？

_____

_____

(2) 该项目施工地点及内容是什么？

_____

_____

(3) 5S 工作管理的内容是什么？请查阅资料写在下面。

_____

_____

二、 回答问题

通过查询网络，回答下列问题。

(1) 图 2-1 是冷热源系统图，请写出冷热源系统的概念并标出各部分组成。

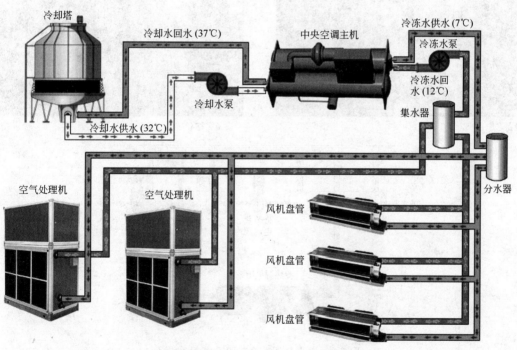

图 2-1　冷热源系统图

冷热源系统的概念：

_____

_____

冷热源系统的组成：

_____

_____

（2）中央空调的冷热源系统主要分布在地下空调机房，图 2-2 是一些图片，根据冷热源系统组成写出这些设备的名称。

设备名称：

设备名称：

设备名称：

设备名称：

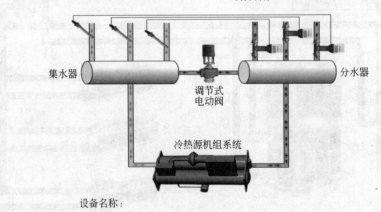

设备名称：

图 2-2　中央空调的冷热源系统相关设备

（3）冷热源机组在集中式空调系统中被称为＿＿＿＿＿＿＿＿，表明它是空调系统的＿＿＿＿＿＿＿＿，是中央空调工程和需要冷水的工艺系统的关键设备。其造价和能耗均占空调系统总造价和总能耗较大的比例，其设计合理与否，直接影响空调系统的使用效果、运行的经济性等。根据图 2-3 写出冷热源机组的分类。

_____

_____

_____

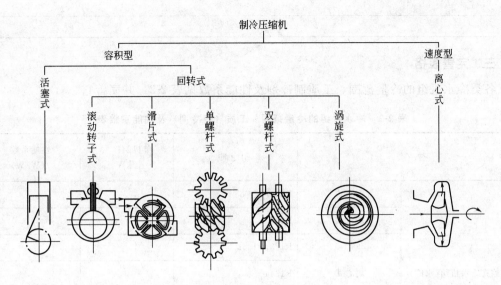

图 2-3　冷热源机组的分类

（4）除了蒸汽压缩式冷水机组，还有吸收式冷水机组，请根据图 2-4 写出吸收式冷水机组的工作原理。

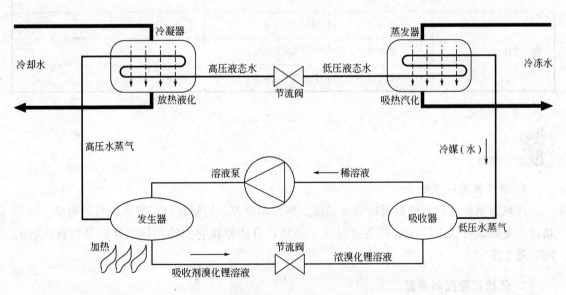

图 2-4　吸收式冷水机组的工作原理图

三、完善表格

各类冷水机组的冷量范围、工质制冷剂及性能系数见表 2-2，并完善它。

表 2-2　冷水机组的冷量范围、工质（制冷剂）及性能系数表

种　类		制冷剂	单机制冷量/kW	性能系数/（W/W）
压缩式冷水机组（水冷）	活塞式	R22，R134a		
	螺杆式	R22		
	离心式	R123，R134a		
		R134a		
		R22		
	涡旋式	R22		
	模块式	R22		
吸收式冷水机组	蒸汽式	NH_3/H_2O		
	热水式	$H_2O/LiBr$（双效）		
	直燃式	$H_2O/LiBr$（双效）		

 小辞典

1. 冷热源监控系统

冷热源系统监控目的是对冷热源系统实施自动监控，能够及时了解各机组、水泵、冷却塔等设备的运行状态，并对设备进行集中控制，自动控制它们的启停，并记录各自运行时间，便于维护。

2. 分散过程控制装置

分散过程控制装置是集散控制系统与生产过程间的接口。生产过程的各种过程变量通过分散过程控制装置转化为操作监视的数据，而操作的各种信息也通过分散过程控制装置送到执行机构；在过程控制装置内，进行模拟量与数字量的相互转换，完成各种控制算法的运算以及对输入与输出量的数据处理等运算。

3. 操作管理装置

操作管理装置是操作人员与集散控制系统的界面，操作人员通过操作管理装置了解生产过程的运行状况，并通过它发出操作指令。生产过程的各种参数集中在操作站上显示，以便于操作人员监视和操作。

4. 通信系统

过程控制装置与操作站之间完成数据之间的传递相交换的桥梁，是通信系统。

通信系统常采用总线型、环形等计算机网络结构，不同的装置有不同的要求。

该通信系统与一般的办公或商用通信网不同，它具有实时性好、动态响应快、可靠性高、适应性强等特点。

培训活动 2 制订施工计划

 培训目标

1. 能识读冷热源系统控制原理图、监控点表、控制柜电气原理图、接线图。
2. 能描述冷热源系统仪表柜设计与装配工作流程。
3. 能够根据国家标准及施工要求，勘察施工现场，制订施工计划。
4. 能正确选择工具。
5. 能根据冷热源监控系统控制原理图、监控点表、控制柜电气原理图、接线图正确地选择设备和线缆。

🕐 **建议学时**

6 学时

 培训准备

互联网资源，CP、MP 系列节能控制箱/柜符合《JK 型交流低压电控设备》（JB/T 9666—1999）、《低压成套开关设备和控制设备》（GB 7251.1～5）标准要求。

📶 **培训过程**

一、制订施工计划、进行施工

根据施工图纸图 2-5～图 2-8 勘察现场的施工环境、安装位置、施工障碍等情况。通过小组讨论得出解决方案，制订施工计划，上报给项目经理（任课老师），计划合格后方可进行施工。

（1）通过查询《建筑电气工程设计常用图形和文字符号》（09DX001），写出图纸中的这些图例符号和代号（见表 2-3）。

表 2-3

MV	LS	FS	HR
LR	电磁阀		

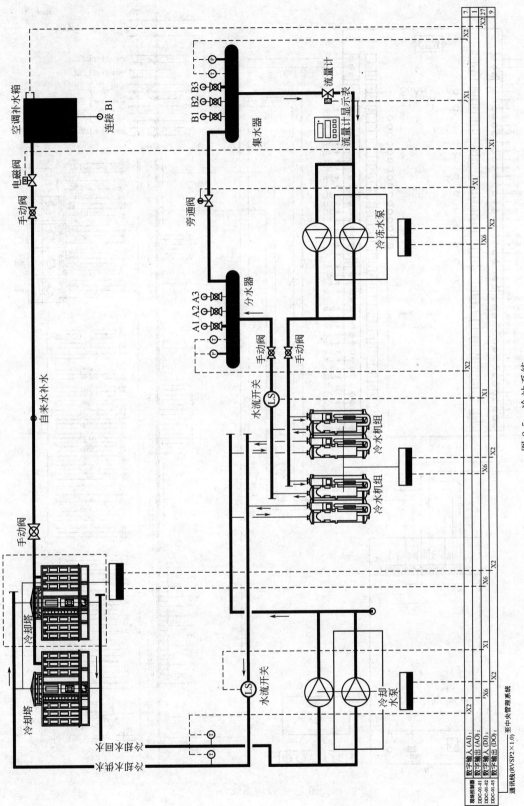

图 2-5　冷站系统

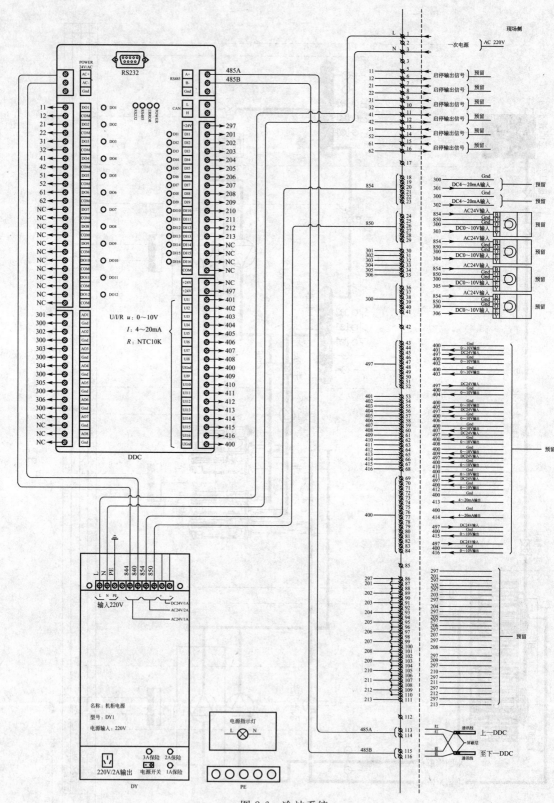

图 2-6　冷站系统

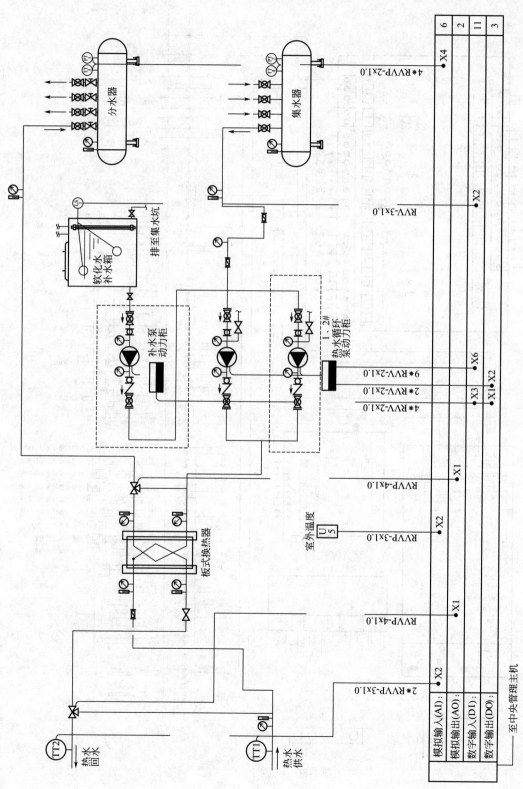

图 2-7　换热系统（一）

49

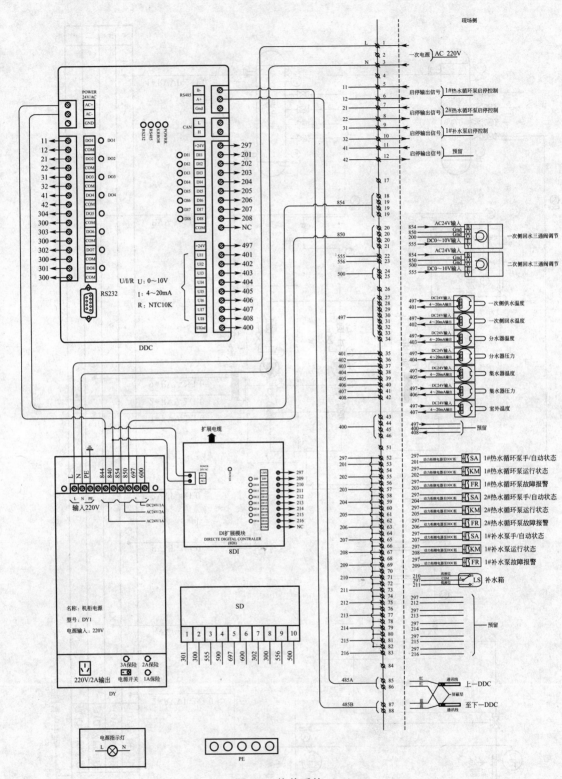

图 2-8 换热系统（二）

（2）写出冷水机组启停的顺序：

_____。

（3）根据施工图纸到实训室查找出对应的设备标出图 2-9 所示设备名称，并标出接到 DDC 控制器的 I/O 端口。

产品名称：
连接到 DDC 控制器（　　　）端口

产品名称：
连接到 DDC 控制器（　　　）端口

产品名称：
连接到 DDC 控制器（　　　）端口

产品名称：
连接到 DDC 控制器（　　　）端口

产品名称：
连接到 DDC 控制器（　　　）端口

产品名称：
连接到 DDC 控制器（　　　）端口

图 2-9　设备

（4）根据网络查出冷热源监控系统仪表柜设计与装配的流程，并画在下面。

（5）根据网络查询冷热源监控系统仪表柜实现的功能要求。

_____

_____

_____

_____

二、编制施工计划（施工步骤、负责人、预计完成时间）

_____

_____

_____

_____

_____

_____

_____

_____

三、填写材料清单表

根据施工图纸，将本次施工所用到的设备、工具、材料，填写在表 2-4 所示的材料清单表中。

表 2-4　材料清单表

序号	名称	型号与规格	单位	数量	备注
1					
2					
3					
4					
5					
6					
7					
8					
9					

续表

序号	名称	型号与规格	单位	数量	备注
10					
11					
12					
13					
14					

 小辞典

冷热源监控系统

冷热源监控系统控制中心对冷水机组工作状态的监测内容包括：冷却塔冷却风扇的启、停，冷却塔进水蝶阀的开度，冷却水进、回水温度，冷却水泵的启、停，冷水机组的启、停，冷水机组的冷却水以及冷水出水蝶阀的开度，冷水循环泵的启、停，冷水供、回水的温度、压力及流量，冷水旁通阀的开度等。控制中心根据上述监测的数据和设定的冷水机组工作参数自动控制设备的运行。

热交换系统的作用是给建筑物提供采暖、空调及生活用热水。热交换系统的主体设备是热交换器。空调系统的热源通常为蒸汽或热水，它由城市热网或锅炉提供。

空调系统终端热媒通常是 $65\sim70℃$ 的热水，而锅炉或市政管网提供的通常是高温蒸汽。在空调系统中常用热交换器完成高温蒸汽与空调热水的转换，这种换热器称气/水换热器。也有提供高温热水的热水锅炉，提供 $90\sim95℃$ 的高温热水，同样需要热交换器把高温热水转换成空调热水，这种换热器称为水/水换热器。热交换器交换后的空调热水经热水循环泵（有的系统与冷冻水泵合用）送到各空调机组等终端负载中，在各负载中进行热湿处理后，水温下降的空调水回流，经集水器进入热交换器再加热，依次循环。

培训活动 3　冷热源监控系统仪表柜设计与装配

 培训目标

1. 能根据施工图纸完成冷热源监控系统仪表柜设计。
2. 能根据施工图纸完成冷热源监控系统仪表柜装配。

建议学时

18 学时

 培训准备

互联网资源、施工规范、施工图纸、产品说明书、工具。

培训过程

一、回答问题

根据企业生产规范，回答下列问题。

（1）画出冷热源监控系统仪表柜装配步骤。

（2）写出冷热源监控系统仪表柜装配的工艺要求。

_____

_____

_____

_____

（3）导线如何选择？

_____

_____

_____

_____

（4）接线端子安装的注意事项有哪些？

_____

_____

_____

_____

二、完善表格

控制器要求：采用 Excel5000 系列现场控制器 XL100。XL100 是一种点数较少的控制器，它有数字信号输入点（DI）12 个，模拟信号输入点（AI）12 个，数字/模拟信号通用输出点（DO/AO）12 个。完善表 2-5。

表 2-5

监控功能	DI	AI	DO	AO
一、冷冻水泵组 3 台				
手/自动转换				
启停控制				
运行状态				
故障报警				
水流开关				
冷冻水供、回水温度				
冷冻水供、回水压力				
冷冻水回水流量				
供回水压差旁通阀				
二、冷却水泵组 3 台				
手/自动转换				
启停控制				
运行状态				
故障报警				
水流开关				
冷却水供、回水温度				
三、冷却塔风机 2 台				
手/自动转换				
启停控制				
运行状态				
故障报警				
冷却塔电动蝶阀的反馈及控制				

三、小组成员分工

对实施任务进行分解，小组成员进行分工并填入表 2-6 中。

表 2-6　成员分工表

编号	姓名	小组中职能	分工内容	备注
1				
2				
3				
4				
5				
6				
7				

 学习拓展

为了在以后的工作中，更方便地完成工作任务，请完成下面的内容。

（1）一个汽/水换热系统需要温度控制，温度检测传感器与控制阀门应安装在什么位置？
（　　）

① 温度传感器在一次侧，电动阀在二次侧；

② 温度传感器在二次侧，电动阀在一次侧；

③ 温度传感器与电动阀均在二次侧；

④ 温度传感器与电动阀均在一次侧。

（2）冷却水与冷冻水的区别是什么？

_____

_____

（3）制冷剂与载冷剂的区别是什么？

_____

_____

四、以小组为单位，根据施工计划和施工图纸，领取使用的工具及耗材等，完成冷热源监控仪表柜的设计与装配

 小辞典

线号印字机

线号印字机又称线号打印机，简称线号机、打号机，全称线缆标志打印机，又称线号印字机、打号机，采用热转印打印技术，打印精度可达到 300dpi。

① 完全中文操作界面，具有中英文输入功能，另有区位码、电力符号可供选择。

② 可打印套管、标签、热缩管等耗材。

③ 批量进口色带和贴纸，使成本更低。

④ 可实现 10 进位数字及大小写字母序号自动印刷。

⑤ 可半切和全切。

⑥ 可设定不同段长、字号、字距。

⑦ 可对打印内容进行加边框、下划线等修饰。

⑧ 可实现横向及竖向打印。

培训活动 4 **检测验收**

 培训目标

1. 能完成冷热源监控系统仪表柜检测。
2. 能完成冷热源监控系统仪表柜验收。

建议学时

6 学时

 培训准备

互联网资源、施工规范、施工图纸、产品说明书、万用表。

培训过程

一、线路检查

完成安装与接线后，在教师的指导下，对照自己的成果，根据施工图纸用万用表逐点检测，通断符合图纸要求，并记录下问题。

_____
_____

_____

检查完成后，根据发现的问题，进行及时修正。

二、冷热源监控系统仪表柜的功能

这个冷热源监控系统仪表柜要实现哪些功能？

_____
_____
_____
_____

三、完成冷热源监控系统 DDC 控制器硬件配置

根据监控点表 2-7、施工图纸完成冷热源监控系统 DDC 控制器硬件配置。

表2-7 DDC 监控点一览表

设备名称：冷水机组系统

序号	监控点描述	设备位号	通道号	绝对地址	连接变量	DI类型 接点输入 电压输入 DC12V	DI DC24V	DI 常开NO	DI 常闭NC	DO类型 接点输出 电压输出 AC24V	DO AC220V	AI 信号类型 0~10V	AI 4~20mA	AI 热敏电阻	AI 供电电源 DC15V	AI 供电电源 24V	AO 信号类型 0~10V	AO 4~20mA	管线编号	检测控制设备 名称	型号及规格	数量
		BS-4382																				
1	分水器温度	BS-4382	AI1										1			1				管道温度传感器	BW-2000TB 050 0~50℃;4~20mA变送输出	24
2	集水器温度		AI2													1						
3	分水器压力		AI3													1				管道压力变送器	BP-800 0~1MPa, 4~20mA变送输出	24
4	集水器压力		AI4										1			1						
5	冷冻回水流量		AI5																	水流量计	DMW2000	12
6	冷却供水温度		AI6										1			1				管道温度传感器	BW-2000TB 050 0~50℃;4~20mA变送输出	24
7	冷却回水温度		AI7													1						
8	旁通阀调节	BS-4382	AO1															1		电动水阀执行器	TA-24 10N·m, 24V AC/DC电源、0~10V信号	12
9	冷冻水泵手/自动状态	BS-4382	DI1					1														
10	冷冻水泵运行状态		DI2					1														
11	冷却水泵手/自动状态		DI3					1														
12	冷却水泵运行状态		DI4					1														
13	冷却塔风机手/自动状态		DI5					1														

DDC-6

续表

设备名称：冷水机组系统 DDC-6

序号	设备位号	通道号	连接变量绝对地址	DI类型 接点输入 电压输入 DC 12V	DC 24V	常开 NO	常闭 NC	DO类型 接点输出	电压输出 AC 24V	AC 220V	模拟输入 AI 信号类型 0~10V	4~20mA	热敏电阻	供电电源 DC 24V	DC 15V	模拟输出 AO 信号类型 0~10V	4~20mA	管线编号 线号	检测控制设备 名称	型号及规格	数量	监控点描述
	BS-4382																					
14		DI6			1	1																冷却塔风机运行状态
15		DI7			1	1													水流开关	BFS4-3J	24	冷冻水水流状态
16		DI8			1	1																冷却水水流状态
17	BS-4390	DO1						1														冷冻水泵启停控制
18		DO2						1														冷却水泵启停控制
19		DO3						1														冷却塔风机启停控制
20																						
21																						
22																						
23																						
24																						
25																						
26																						
27																						
28																						
29					8				3			7					1					总计

下面以小组为单位，根据施工计划和施工图纸，领取使用的工具及耗材等，完成冷热源监控系统仪表柜的验收，并填写表 2-8。

表 2-8　仪表柜检验报告

序号		检验项目	技术要求	检测结果
1	外观	元器件选择	(1)元器件必须具有生产许可证，强制认证的产品必须具有认证标志 (2)元器件应符合产品电力执行标准及设计图样额定参数的要求	
		元器件安装	元器件安装应牢固可靠，应留有足够的距离和维护拆卸罩所需的空间，并有防松措施，外部接线端子应为接线留有必要的空间	
		控制线配制	(1)导线截面选用符合要求，布线合理，整齐美观 (2)线耳牢固，无松动现象 (3)接地保护良好，接地螺钉牢固	
		结构、被覆层	(1)产品结构尺寸和选择应符合设计要求，柜架有足够的机械强度 (2)漆层色泽均匀，无明显的流痕、针孔、起泡等缺陷 (3)电镀层均匀，铅化膜完整无脱镀、发黑、霉点等缺陷 (4)检测机柜集成，即结构、接线、系统接地、风扇和照明灯完好	
2	性能测试	静电测试	根据图纸用万用表逐点检测，通断符合图纸要求	
		通电试验	(1)按装置的电气原理图要求，进行通电模拟动作试验，动作应正确，符合设计要求 (2)检测电源分配，包括 220V AC 和 24V DC，所有设备均可正常加电 (3)检测每台 A500 控制器，设置 IP 地址，更新 Firmware，并下装测试程序，均正常 (4)检测通信设备，通信正常 (5)检测人机界面，显示正常，通信正常 (6)检测 I/O 模块功能以及每个 I/O 通道，正常	

培训活动 5　总结与拓展

培训目标

1. 能够根据任务实施过程，正确进行自评、互评及小组评价。
2. 能够完成活动评价表填写。

建议学时

6 学时

培训准备

工作计划、活动评价表等。

培训过程

工作总结，就是把某一时期已经做过的工作，进行一次全面系统的总检查、总评价，进行一次具体的总分析、总研究；也就是看看取得了哪些成绩，存在哪些缺点和不足，有什么经验、提高。其间有一条规律：计划→实践→总结→再计划→再实践→再总结。表 2-9 和表 2-10 为活动评价表和学习评价表。

表 2-9　评价与反馈　活动评价表

班级：　　　　　　　　组别：　　　　　　　　姓名：

项目	评价内容	评价等级（学员自评）		
		A	B	C
职业素养评价项目	遵守学习纪律、不迟到早退			
	学习准备充分、仪容仪表符合活动要求			
	学习态度积极主动,踊跃发言和参予小组讨论			
	有团队合作意识,注重沟通及相互协作			
	自主学习,成果展示			
职业能力评价项目	按时按要求独立完成工作页			
	工具、设备选择得当,使用符合技术要求			
	操作规范,符合要求			
	安全意识、责任意识,5S 管理意识			
	注重工作效率与工作质量			
小组评语及建议	他(她)做到了： 他(她)的不足： 给他(她)建议：	组长签名： 　　年　　月　　日		
老师评语及建议		评定等级或分数 教师签名： 　　年　　月　　日		

表2-10 学习评价表

评价项目	自评		组评			教师评价
工具清单 （10分）	有	无	罗列清楚	缺少工具 （ ）个	无工具清单	
施工计划 （10分）	有	无	可行	不全面	不可行	
材料分类 （25分）	有	无	全部分类	部分分类	没有分类	
工位清洁 （10分）	有	无	全部清洁	有清扫痕迹， 但不干净	未清洁	
设备使用 （10分）	无损坏	有损坏				
工作中索要工具 （5分）	有	无	索要次数（ ）			
工作中大声喧哗 （5分）	无	有				
施工安全 （10分）	有	无				
工具使用 （10分）	正确	错误				
奖励（5分）						

学习拓展

刚才学习的是冷热源监控系统DDC仪表柜设计与装配，在楼宇项目中，冷站以开关量控制为主，并且监控点数较多，可优先选用PLC，请读者通过网络查询PLC的相关知识。

附　录

参考设备

DDC 控制器、机柜电源、空气开关、熔断器、机柜。

参考工具

冲击钻、手电钻、手磨机、电锯、电动扳手、测电笔、螺丝刀、斜口钳、剥线钳、压线钳、卷尺、铆钉枪、钢锯、管子钳、管线割刀、卡轨切割器、电烙铁、热风枪、示波器、万用表、水平仪等。

参考耗材

卡轨、端子排、膨胀螺钉、自攻螺钉、冲击钻头、各种线材等。

参考文献

［1］ 低压成套开关设备和控制设备（GB 7251.1，GB 7251.2，GB 7251.3，GB 7251.4，GB 7251.5）.

［2］ JK 型交流低压电控设备（JB/T 9666—1999）.